Maternal-Infant Bonding

Toru R. Saito, DVM, PhD

Yuya Saito, MD, PhD

ネズミから学ぶ
「母と子の絆」
メカニズム

獣医学博士　斎藤　徹

博士（医学）斎藤雄弥

はじめに

　聖書には、母と子の絆に関する多くの聖句があります
が、「詩編」には次のような聖句が見られます。

　わたしを母の胎から取り出し
　その乳房にゆだねてくださったのはあなたです。
　母がわたしをみごもったときから
　わたしはあなたにすがってきました。
　母の胎にあるときから、あなたはわたしの神。
　わたしを遠く離れないでください。
　苦難が近づき、助けてくれる者はいないのです。

　私たちは、家庭や社会（学校や職場など）で人々と関
わりながら生活し、さまざまな人間関係を築いています。
その出発点は、赤ちゃんと母親との出会いです。赤ちゃ
んにとって、母親との結びつき（母子関係）は、生まれ
て初めての人間関係であり、赤ちゃんの成長に伴って複
雑化していく人間関係の基礎となる大切な関係です。
　母親がどのように子どもに働きかけ、どのような態度
や姿勢で子どもを育てるかは、将来の子どもの肉体的お
よび精神的な発達に少なからず影響を与えると言われて
います。しかしながら、少子化や核家族化の進行により、
どのように子どもに接してよいのか戸惑う母親も少なく
ありません。模索する中で精神的に疲弊し、不幸な事態
に陥ることもあるでしょう。

動物の母と子の絆の研究に携わっている立場から言えば、ヒトは大脳が過度に発達し、理性でコントロールしすぎているように思われます。急速に進んだ社会構造もその傾向を加速させているのでしょう。その結果、ヒトは母親としてあまりにも理性的に振る舞いすぎるため、本能的な能力がいくらか失われているように感じます。

　一般的に、動物は親からも他者からも子育ての方法を教わることなく、子どもが巣立つまで懸命に授乳し、子どもを捕食者から守ります。人間の母親も、本来はこのような本能的な能力を持っているはずなのです。

　本書では、ネズミにおける母と子の絆に関する研究データを中心に、生物学的な側面をわかりやすく解説しています。全体は2章構成となっており、第1章「母と子の絆」では、母親および未経産ネズミが赤ちゃんに提供する母性行動や、赤ちゃんが母性行動を獲得するための戦略について説明します。第2章「母と子の絆の形成要因」では、母子間の絆を形成するために働くホルモンや脳神経系のメカニズムを紹介しています。

　ヒトもネズミと同じく哺乳動物であり、未熟な状態で出生します。自ら動くことができず、栄養（授乳）や体温調節など、多くの面で母親に依存しています。この期間中、母親は赤ちゃんに愛着を示し、赤ちゃんとの絆が育まれます。一方、今日では男性の子育てへの関与も社会的な責務として推奨されています。「イクメン」（子育てを楽しみ、自らも成長する男性）を育成することは、脳科学的にも可能です。ヒトの男性には、ネズミの雄と

同様に、母性行動を司る神経回路が備わっているからです。そのため、「母性行動」というよりも、「親行動」あるいは「哺育行動」とよぶ方が適切かもしれません。

　本書は、ネズミの研究から得られた科学的知見を基に、ヒトの親子関係を理解し、具体的な育児アドバイスや親子関係の改善につなげることを目的としています。特に、動物行動学、生物学、心理学、および看護学に関心のある学生や大学院生にとって、また看護師、助産師、愛玩動物看護師として第一線で活躍されている方々にとっても、魅力的な参考書となることでしょう。さらに、現在子育て中のご両親や、これから出産を控えているご夫婦にとっても、マニュアル本としてご一読いただければ幸いです。

2024年親子月

斎藤　徹

目次

第1章　母と子の絆

第2章　母と子の絆の形成要因

第1章　母と子の絆

生まれてくる赤ちゃんに対して、母親は強い愛着を示します。母親は子どもを危険から守るために、自らの命を捨てることもあります。子どもが最初に触れ合うのは母親であり、母親の肌に触れることで、子どもは安心し、健やかに発育していきます。このような母と子の結びつきを「母子間の絆」とよびます。

　江戸時代には、子どもが生まれると油で身体をマッサージしていたという記述が古書に残されています。また、ストレスに関する研究において、母親から十分に世話を受けたラットは、成長後にストレスに曝されても、大きなショックを受けにくいことが明らかになっています[1]。この現象は、皮膚への刺激や皮膚と皮膚の触れ合いが、視床下部－下垂体－副腎軸におけるストレス感受性を低下させるためだと考えられています。

　赤ちゃんは生まれた直後、1人では生きていけません。母親の世話が不可欠です。母親は授乳を行い、排便・排尿を促し、身体を清潔に保ちながら、常に子どもと生活を共にします。このような母親の行動の背景には、分娩時におけるホルモン環境の変化が母性行動を活発にし、さらに子どもからの刺激がこの行動を維持していることが分かってきました。しかし、ホルモン変化は必ずしも母性反応に必要な要因ではありません。その証拠として、未経産の雌マウスやラットに里子（foster pup）を与え続

けると、巣作りや巣の中に里子を運ぶといった母性行動が誘発されることが確認されています。

　本章では、ネズミの母性行動の特徴と、その雌雄差について見ていきます。

Episode 1

母失ったオス、早死に傾向？

　チンパンジーの話題です。朝日新聞朝刊（2013年11月6日）によると、京都大学野生動物研究センターなどの研究によれば、チンパンジーの雄は母親が死亡した際に早死にする傾向があることが明らかになりま

した。これまで、母親がいなくなっても青少年期を過ぎれば問題ないと考えられていましたが、幼児期を過ぎても母親からの支援が大きく影響している可能性が浮上しています。

　京大グループがタンザニアの森で1965年から観察を続けているチンパンジーの群れのデータを、中村美知夫准教授らが分析しました。死亡年齢がわかっている96頭の雄のうち、幼獣期に母親を亡くした16歳未満の31頭を調査すると、27頭が平均寿命よりも早く死亡していました。母親を失ったのが授乳期間である5歳未満の場合、雄は即座に死亡しました。ただし、5歳から13歳未満の青少年期に母親を亡くした場合でも、死亡率は平均の約2.4倍に増加しました。雌の方が雄よりも母親の死の影響が少ない傾向がありました。中村氏は「青少年期でも、雄同士の深刻な争いに母親が介入したり、負傷した雄がしばらく母親と一緒に過ごしたりする行動が見られます。こうした母親への依存度が寿命に影響している可能性がある」と述べています。

ネズミとは

　最初に、ネズミについて少し説明します。**図1**に、生物分類学上の位置を示します。脊椎動物門－哺乳綱－齧歯目－ネズミ科－クマネズミ属－ドブネズミ（種）、このドブネズミがラットです（**図2**）。マウスは、ネズミ科－ハツカネズミ属－ハツカネズミ（種）です。ハムスター類（シリアンハムスター、チャイニーズハムスター）

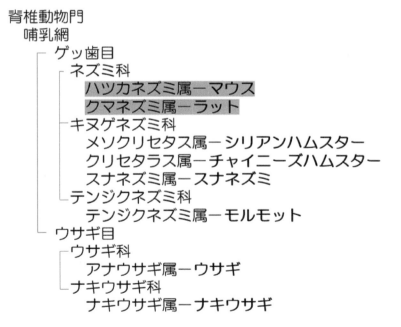

図1　主な実験動物の生物分類学的位置

図2　ドブネズミ（左）とラット（右）
ラットは野生のドブネズミを長い年月をかけて家畜化し、動物実験に用いるために実験動物化された。

は齧歯目—キヌゲネズミ科に、モルモットはテンジクネズミ科にそれぞれ分類されます。ネズミとは、ネズミ科のマウスとラットを指します。

　マウスとラットの各々の形態および機能的な特性を**表1**に列記します。

赤ちゃんネズミの誕生

　ネズミの赤ちゃんがどのようにして生まれてくるか、簡単に見てみましょう。

1 交尾、受精、着床および妊娠
　生後6〜7週齢になると、生殖機能が備わり、雌は雄

表1　マウスとラットの特性

	マウス	ラット
染色体数(2n)	40	42
寿命（年）	2～2.5	2.5～3
成体重(g) ♀	20～35	200～400
♂	25～40	500～700
歯式	(1, 0, 0, 3) / (1,0,0,3)	(1, 0, 0, 3) / (1, 0, 0, 3)
体温(℃)	36.5～38.0	37.5～38.5
呼吸数(回/分)	100～200	70～110
心拍数(回/分)	300～800	300～500
摂餌量(g/日)	4.0～6.0	15～20
摂水量(mL/日)	4.0～6.0	24～45
春機発動*(週)	5	6～8
性周期（日）	4～5	4～5
妊娠期間（日）	18～20	21～23
出生時体重(g)	0.5～1.5	4～5
哺乳期間（週）	3	3
離乳時体重(g)	10	40～50

*雌では膣開口、雄では精巣下降、陰茎の形状変化などの外部徴候が見られる。

と交尾して妊娠可能な状態になります。

　卵巣の成熟と排卵が周期的に起こり、それに伴って子宮や膣などの副生殖器に、さらに行動にも消長変化が見られます。この現象を性周期とよんでいます。

　ネズミの性周期は4～5日で、この間に排卵が見られます。交尾により、膣および子宮頸管に射出された精子は子宮角、卵管峡部を経て卵管膨大部まで達し、ここで卵子と出会います。卵管内で受精が完了すると、受精卵

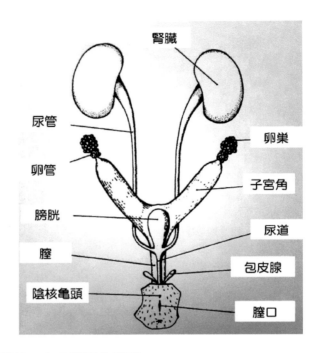

図3　雌ラットの泌尿生殖器

は卵分割を続けながら卵管を下降して子宮内腔に移行し、子宮上皮に着床します（**図3**）。卵子が受精してから分娩までを妊娠期間とよび、この間に胎子が成熟すると分娩が開始されます。ネズミの妊娠期間はマウスで19〜20日、ラットで21〜23日です。

2　分娩

胎子がその付属物とともに母体外に排出されることを

分娩と言います。

　分娩は陣痛の開始に始まり、後産の排出で終了します。陣痛は胎子が産道を通過するための最大の推進力となり、オキシトシン（oxytocin）の作用により周期的、不随意的な子宮の収縮で、子宮角の前端から頸管に向かって進行します。

　分娩の経過は、第1期（開口期：子宮頸管の開口時期）、第2期（産出期：胎子の娩出時期）および第3期（後産期：後産の排出時期）に区分されます。

　胎子が産道を通過して娩出されると、母親は胎膜を食べ、その後出生子（新生子）をなめ始めます。特に母親は、新生子の肛門と陰部周辺を熱心になめることで、排尿を促し、最初の排便運動を引き起こす働きがあります。

　出生直後の新生子が最初に排泄する糞を胎便とよび、これには腸管上皮の分泌物や細胞の残渣などが含まれます。このときの尿や糞は母親によって摂取されるため、巣の中は常に清潔に保たれています。次に胎盤が娩出され、母親はすぐにこれを食べてしまいます。胎盤を摂取することで巣は汚染から免れ、さらに胎盤は母親にとって水分やタンパク質などの栄養源ともなります。このため、母親は餌を探しに行くのを遅らせることができ、新生子と共にしばらく巣に留まることが可能です。

　1回の分娩で出産する新生子の匹数を産子数と言いま

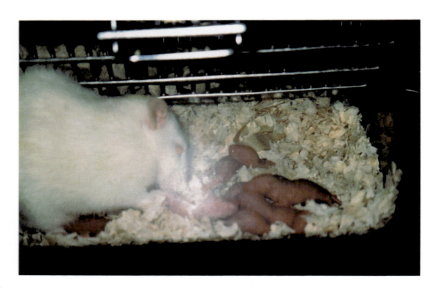

図4　ラットの母親と出生子（生後1日）

す。産子数は、年齢、産次、飼育環境などによって異なりますが、マウスで6〜13匹、ラットで6〜15匹です。出生時体重はマウスで1.0〜1.5グラム、ラットで4〜5グラムで、まだ被毛は生えておらず、眼瞼は閉じたままです（**図4**）。

Episode 2

"マタニティブルーズ"(Maternity blues) とは？

　"マタニティブルーズ"（産後うつ病）は、通常、出産後の女性の30〜50％が経験すると言われています。出産後は気持ちも高揚していますが、産後数日から２週間程度の間に、軽度な精神症状が現れることがあります。ふいに涙が出たり、イライラしたり、落ち込んだりする症状が含まれます。個人差はありますが、情緒が不安定になったり、眠りが浅くなったり、集中力が低下したり、焦燥感を感じることがあります。通常、これらの症状は一過性であり、産後約10日で改善することが多いため、過度に心配する必要はありません。自然な経過を見守り、雨が上がるのを待つような気持ちで乗り越えることが大切です。

　"マタニティブルーズ"の原因としては、人生の重

要な出来事に対する感情の変化や、思い通りに子育て
が進まない状況に対するジレンマが挙げられます。ま
た、急激なエストロゲンの低下など、内分泌環境の変
化も症状の一因と考えられています。

　"マタニティブルーズ"はヒトに特有の心理的な状
態であり、ネズミや他の動物には直接適用されるもの
ではありません。ただし、動物にも出産や子育てに関
連するストレスが存在することはあります。例えば、
動物の母親が子どもを育てる過程でストレスを感じる
ことがありますが、これは"マタニティブルーズ"と
は異なる概念です。動物の行動や感情に関する研究が
進むなかで、動物の心理状態に関する理解が深まるこ
とが期待されています。

3 哺育

　新生子が独立して生活できるまで、母親が保護や養育
することを哺育とよび、泌乳および授乳を始めとする哺
育行動から成り立っています。分娩後より数日間分泌さ
れる乳汁は初乳とよばれ、特殊な成分を含んでいます。
特に、高度の免疫グロブリンを含み、新生子の受動免疫
に重要な働きを担っています。また、初乳は濃厚なため

表2　哺乳動物の乳汁組成（％）

動物	全固形分	脂肪	蛋白質	カゼイン	乳糖	灰分
マウス	29.3	13.1	9.0	7.0	3.0	1.3
ラット	21.0	10.3	8.4	6.4	2.6	1.3
ウシ	12.7	3.7	3.4	2.8	4.8	0.7
ヒト	12.4	3.8	1.0	0.4	7.0	0.2

（Jenness R. et. al., 1970 より抜粋）

に胎便の排泄を促します。

　参考までに、マウス、ラット、ウシおよびヒトの乳汁組成について**表2**に示します。

　一方、妊娠から哺乳期にかけて、母体は胎子の発育と乳汁の生産に必要な膨大なエネルギーを必要とします。そのために、摂餌量は増加し、それに伴って消化管の働きも活発になります。ただし、出産時には摂餌量、母体重の一時的な減少が見られます（**図5**）。

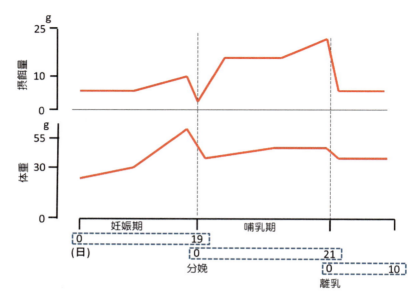

図5　マウスの妊娠期および哺乳期における体重と摂餌量

Episode 3

ヒト母乳に遊離グルタミン酸が多く含まれている？

　ヒトの母乳は他の動物よりも遊離グルタミン酸濃度が高いことが報告されており (Sarwar, 1998)、乳児は旨味を認知していると考えられ、母乳中の遊離グルタミン酸が乳児の摂食調節、認知機能発達および免疫に関与していることが示唆されています。また、ヒト母乳中の遊離グルタミン酸濃度は血中濃度に比べて明らかに高く、これは乳腺で生成されていると考えられています。さらに、ヒトの旨味受容体 (T1R1/3) は、特にグルタミン酸に対する高い特異性を持っています。これに対して、マウスやラットのT1R1/3はアミノ酸全般に広く応答することが知られています (Toda et al., 2013)。これらの事実から、ヒト乳児の栄養摂取、発達、免疫において遊離グルタミン酸が何らかの意義を有する可能性が示唆されています。

　ちなみに、ヒトの母乳は牛乳から作られる「乳児用調整乳」と比較して遊離グルタミン酸濃度の高いことが報告されています (Chuang et al., 2005)。

母性行動

　母性行動とは、母動物に見られる営巣、哺育、外界からの危害に対する哺育子の保護などの母性的行為を指します。しかし、広義には母性に限らず、雌雄いずれにも見られる類似の行動も母性行動と考えられています。

1 母親ネズミに見られる母性行動

　分娩が近づくと、ラットでは授乳の準備として母親が乳頭を頻繁になめる行動が見られるようになります。これは、出生した子どもが乳頭を探しやすくするために、唾液によるニオイを付けているためです。したがって、母ラットの乳首を化学洗浄すると、出生した子どもによる授乳が妨げられますが、その洗浄液を乳首に塗布することで、再び哺乳行動が誘発されることがあります[2,3]。

　マウスやラットの母親が新生子に対して示す哺育行動および巣作り行動（**図6**）の発現開始は、妊娠後期から分娩後にかけてのホルモン（プロゲステロン progesterone、エストロゲン estrogen、プロラクチン prolactin）の大きな変化に起因しており、特にプロラクチンの関与が指摘されています（**図7**）。

（1）哺育行動

　哺育行動は、親が子どもを世話し、保護し、育てるた

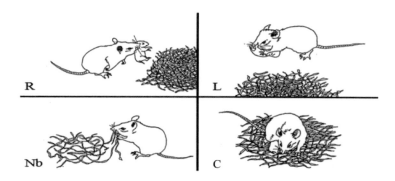

図6　マウス、ラットの母性行動

R：リトリービング、L：リッキング、Nb：巣作り行動、C：ク
ラウチング

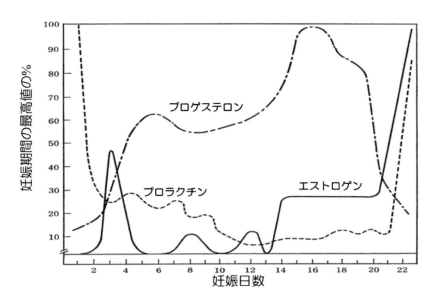

**図7　ラットの妊娠間における血清プロゲステロン、エストロ
ゲンおよびプロラクチンの値（Slotnick, 1975より改変）**

めの行動を指します。主に、以下の3つの行動が見られます。

リトリービング（retrieving）：何らかの理由で巣から離れた新生子を、母親が口でくわえて巣に連れ戻す行動です。

クラウチング（crouching）：母親が背中を丸めて新生子に覆いかぶさる行動は、クラウチングとよばれます。このとき、新生子は母親の乳頭に吸い付き、吸乳を行いますが、実際に授乳が行われていなくても、母親が巣にいるときにこのクラウチング行動が見られることがあります。

これらの2つの行動は、出生初期のマウスやラットの新生子に体温調節機能が確立されていないため、新生子の体温保持に重要な役割を果たしています。

リッキング（licking）：母親は、新生子の身体全体をなめることで、新生子の代謝や発達を促しています。さらに、先に述べたように、母親が新生子の肛門や生殖器部位をなめることで排尿や排便を促し、同時に排泄された尿を摂取することで、授乳によって失われた電解質を補充する役割も果たしていると考えられています[4]。

これらの哺育行動は出産後14日以降減少するものの、新生子の離乳までの21日間持続します。

Episode 4

母親が赤ちゃんを抱っこして歩くと泣き止んで眠りに？

　私たちは、ぐずっている赤ちゃんを抱っこして歩き出すと、赤ちゃんはリラックスして泣き止むことを経験しています。同様な行動はヒト以外の哺乳動物にも見られ、身近な例ではネコ、そしてさらにはライオンやリスなどが挙げられます。母親が口にくわえて子どもを運ぶと、子どもは丸くなって運ばれやすい姿勢をとります。この行動は輸送反応と呼ばれています。

　一方、ネズミの哺育行動に見られるリトリービング行動について、詳しく観察すると、母親は新生子の首根っこ（首の背部の皮膚）を口でくわえて巣に戻しています。

哺乳動物の子どもが母親に運ばれる輸送反応について、黒田親和性社会行動研究ユニット（理研）の研究成果を紹介します（Esposito et. al., 2013）。母親がマウスの子を運ぶ動作に真似て、離乳前の子マウスの首の後ろの皮膚をつまみあげると、ヒトと同様に自発運動や心拍数が低下し、さらにアイソレーションコーリング（母親を超音波でよぶ）の発声頻度も減少したことを報告しています。

　　輸送反応は、最も原始的な愛着行動の１つと見なされ、ヒトを含む様々な哺乳動物で保存されています。親子関係は一方的なものではなく、相互の協力によって成り立つ相互作用であると考えられています。

巣作り（nest-building）行動

　　巣作り行動は、妊娠期や哺育期の母親に顕著に見られます。マウスやラットの新生子は非常に未熟な状態で生まれてくるため、巣は出産や哺育時における母子の安全確保や、新生子の体温保持において重要な役割を果たしています。

　　私たちの研究室では、図8に示すような装置を作製し、

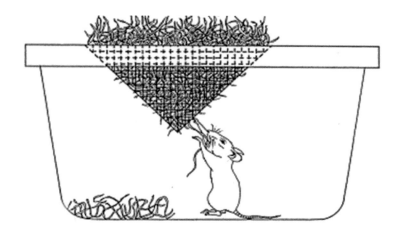

図8　マウスの巣作り行動の模式図
マウスは、網目から巣材を引っ張り出して巣を作る。翌日、その容器に残った巣材の重量を測定し、巣材の量は前日との差で表される。

　マウス（Ⅳ CS系）の性周期、妊娠、偽妊娠および哺育期間における巣作り行動を観察しました。金網の円錐容器に巣材を充填し、その重量を測定します。容器をケージの上に設置すると、マウスは網目から巣材を引っ張り出して巣を構築します。翌日、容器に残った巣材の重量を再び測定します。巣作りに使用された巣材の量は、これらの重量の差（巣作り行動量）で表されます。巣の形状については、**図9**に基づいて評価します。なお、偽妊娠マウスは精管を結紮した雄マウスとの交尾、あるいはガラス棒にて子宮頸管の刺激によって作出します。偽妊娠

Semi-circle nest (C)

Maternal nest (M)

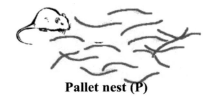
Pallet nest (P)

図9 マウスによる巣の形状

期間は8～9日間です。

　妊娠期の巣作り行動量は妊娠後、漸次増加傾向を示し、妊娠後期にプラトー（性周期の3倍量の巣材量）に達します。巣の形状は妊娠初期（C型）から後期（M型）にかけて立体的です。

　偽妊娠期間中の巣作り行動量は、妊娠前期とほぼ同程度の高値を示し、巣の形状は立体的（CあるいはM型）になります[5]。Gandelmanらの研究によると、偽妊娠マウスが作る巣は妊娠マウスのものよりも小さいものの、形状は同様に立体的であると報告されています[6]。

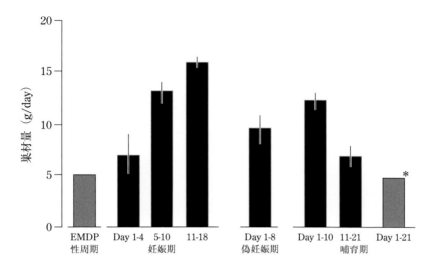

図10　マウスの各ステージにおける巣作り行動量
E：発情期、M：発情後期、D：発情休止期、P：発情前期
＊出産時にすべての出生子を除去

　哺育期の巣作り行動量は、出産後10日ほど高値を維持し、その後は新生子の成長に伴い低値（性周期の値）を示します。この時期には、新生子の自発的な移動活動が増加し、それに伴い新生子を防御するための巣の重要性が低下します。巣の形状は立体的（M型）から平面的（P型）へと移行します。また、分娩後にすべての新生子を除去し、授乳させなかった場合の巣作り行動は、性周期と同様の傾向（巣の材料の量や形状）を示します（**図10**）。

母親の新生子に対する母性行動（リトリービング、クラウチング、巣作り行動）については、初産ラットと経産ラットの間に差異は認められていません[7]。

Episode 5

想像妊娠とは、偽妊娠？

（玩具を子犬のように可愛がる）

　偽妊娠とは、哺乳動物の雌において、妊娠の成立なしに妊娠初期の兆候が見られる状態を指します。卵巣に黄体が形成され、黄体ホルモン（プロゲステロン）が分泌され、生殖器官に妊娠様の変化が起こりますが、通常の妊娠期の黄体と比べると短期間で機能が消失します。イヌが偽妊娠を起こすと、子宮の肥大や乳腺の発達、乳汁分泌が見られ、巣作り行動が発現することもあります。先に示したように、マウスやラットの性周期に黄体期がない動物では、排卵期に人為的に交尾

刺激あるいは機械的刺激により黄体が形成され、偽妊娠となります。

　ヒトの場合には、想像妊娠とよばれ、多くは妊娠を強く望むか、逆に強く恐れるといった精神状態から女性に見られ、妊娠時と似た身体症状が起こります。月経閉止、あるいは月経がきたとしても量が少なく、乳頭・乳輪の変化、初乳の分泌、腹部の膨張、体動の自覚などの心身症状が現れます。医師の診断を受け、想像妊娠の事実を認識すると症状は減退します。

2 未経産成熟ネズミの母性行動

　未経産の成熟雌ラットは、いわゆる雄ラットと交尾したことがなく、当然、子どもを産んだ経験もありません。しかし、出産経験のある他の母親ラットの新生子と常に一緒にいると（10〜15日間）、リトリービングやリッキングを行い、最終的にはその新生子の上にうずくまるクラウチング行動を示すことがあります[8]。このような現象は「感受化」（新生子を自分の子どもとして認識すること）または「凹面化」（体を凹面状にして新生子を抱きかかえる姿勢）とよばれます。一方、妊娠中の雌ラットは、分娩が近づくにつれて、他の母親ラットの新生子に対する母性行動を示す可能性が高まります[9]。

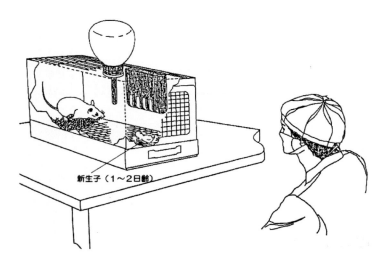

図11 新生子（1〜2日齢）暴露によるマウスの母性行動の観察（鈴木亘　原図）

他の母親のマウス新生子を巣から10 cm離れたケージ内に導入後、被験マウスがその新生子に接したときから5分間の観察を行う。

　一方、マウスの母性行動は、ラットと大きく異なっています。たとえば、未経産成熟マウスに他の母親マウスの新生子（1〜2日齢）を与えた場合、5分以内にリッキング、リトリービング、巣作り行動、まれにはクラウチングも示すことがあります[10]。

　私たちは、雌マウス（IV CS系）の幼若期から成熟期、そして高齢期（寿命）に至るまでの母性行動の推移を観察しました（**図11**）。その結果を**図12**に示します。離

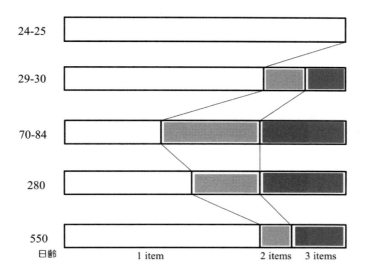

図12　雌マウスの幼若期〜高齢期に至る母性行動の発現率
3つの行動（R, L, Nb）からそれぞれ1つ（1 item）、2つ（2 items）、
3つ（3 items）を示した割合

乳直後の24〜25日齢のマウスでも単一の母性行動（L）
が観察され、複合の母性行動（L, R, Nb）では70〜84日
齢および280日齢のマウスが他の日齢と比較して高い割
合を示しました。新生子に対する最初の母性行動はリッ
キングであり、次にリトリービングあるいは巣作り行動
が観察されます[11]。一方、雄マウスを対象に同様の実験
を行った結果、春機発動期以前の雌雄ではほぼ同様の母
性行動が観察されました。しかし、性成熟期になると雌
雄間で差が現れ、その後、生殖機能衰退期には顕著な有

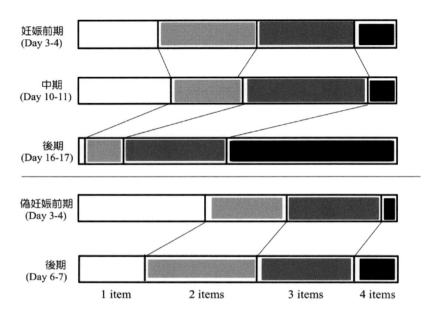

妊娠前期
(Day 3-4)

中期
(Day 10-11)

後期
(Day 16-17)

偽妊娠前期
(Day 3-4)

後期
(Day 6-7)

1 item 　　　　2 items 　　　　3 items 　　　　4 items

図13　マウスの妊娠および偽妊娠期における母性行動の発現率

4つの行動（R, L, Nb, C）からそれぞれ1つ（1 item）、2つ（2 items）、3つ（3 items）、4つ（4 items）を示した割合

意差が認められました。全体的に、複合母性行動の発現割合はやや低い傾向を示しました。

　さらに、妊娠および偽妊娠の雌マウスを観察した結果、いずれも後期に複合母性行動（L, Rb, Nb, C）を示しました（**図13**）[12]。

　ちなみに、私たちの研究室に所属していた勝山慎が行った実験では、未経産成熟雌マウス（ⅣCS系）にシリ

アンハムスターやスナネズミの新生子を与えた際、母性行動は観察されませんでした。一方、他の系統のマウス（ICR、C57BL/6、C3H/He）の新生子を与えた場合には、母性行動が確認されました[13]。この結果から、新生子が未経産マウスに母性行動を誘発する因子、例えば新生子の音声やニオイには系統差はなく、むしろ動物種に依存する可能性が示唆されます。

母子間コミュニケーションによる絆

　母と子どもの相互作用には、視覚、聴覚、嗅覚による情報が重要な役割を果たしています。ここでは、聴覚と嗅覚に焦点を当てて見ましょう。

1 超音波による絆

　新生子期のマウス、ラットおよびシリアンハムスターなどを母親から分離し、体温低下などのストレスに曝すと、彼らは超音波を発声します。これをアイソレーションコーリング（isolation calling）とよびます。ただし、超音波は私たちの耳で聞くことはできません（**図14**）。

　マウス、ラット、シリアンハムスターなどの未熟な状態で生まれる動物は、母親の保護が必要です。母親から離れると、授乳を受けられず、同時に体温が低下して死

図14　可聴音と超音波の周波数

亡する可能性があります。もし乳子が母親と離れる危険に曝された場合、乳子はアイソレーションコーリングを発し、母親をよんで巣に戻してもらう（リトリービング）という戦略を取ります[14, 15]。

　私たちの研究室の大学院生であった橋本晴夫は、超音波測定装置を用いて新生子のアイソレーションコーリングを検出しました（**図15**）。マウス、ラット、シリアンハムスターおよびハタネズミのアイソレーションコーリングには、周波数や波形などが異なり、種の特異性が見られます（**図16**）[16]。ラットでは4種類の波形（R1, R2, R3, R4）で構成され、これらのアイソレーションコーリングは生後3〜7日で顕著に見られますが、14日齢から発生率と頻度は徐々に減少し、離乳時の21日齢では完全に消失します[17, 18]。

　哺乳中の母ラットに、事前に録音されたラットのアイソレーションコーリングを聞かせると、母親の血中プロ

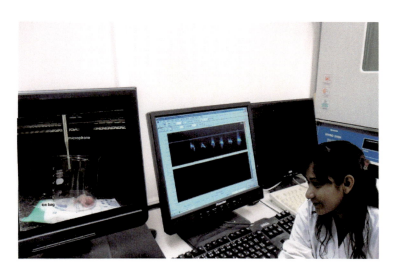

図15　超音波の検出および録音装置

超音波マイクロフォン、超音波録音機、超音波スピーカーなど
特殊な機器で構成されている。

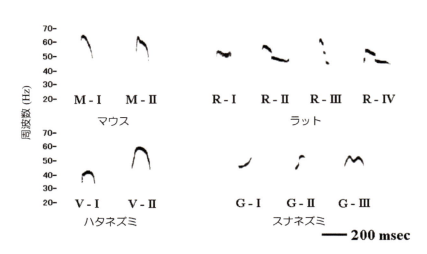

図16　齧歯目のアイソレーションコーリングのソナグラム

ラクチン値が上昇し、新生子の探索や巣作り行動が再び見られます[19]。プロラクチンは乳汁の生産において母性行動の促進に関与しているホルモンです。

では、他の動物のアイソレーションコーリングを再生した場合はどうでしょうか？ マウス、シリアンハムスター、およびハタネズミのアイソレーションコーリングを用いた実験が行われましたが、これらのアイソレーションコーリングでは、血中プロラクチン値の上昇や母性行動の再開は観察されませんでした。前述のように、新生子のアイソレーションコーリングには種による違いがあることが示唆されています。つまり、マウスを含む他の動物でも、同種のアイソレーションコーリングでなければ母子間のコミュニケーションが成立せず、新生子の要求に応えることが難しいと推測されます。

一方、私たちの研究室に所属していたタイからの留学生であるPudchaporn Kromkhunは、未経産および経産の雌ラットに録音されたラットのアイソレーションコーリングを聞かせたところ、両者の血中プロラクチン値が上昇することを報告しました。しかし、経産ラットの方が未経産ラットよりも上昇率の高いことが明らかになりました[20]。

2 フェロモン（pheromone）による絆

　母親の授乳と哺育行動によって成長した新生子が母乳以外の栄養を摂取するようになると、新生子からのアイソレーションコーリングの発声は観察されなくなります。しかし、母親から離れて餌を探し求めている新生子は、捕食者の絶好の餌食となる可能性があります。このような事態を察知した母親は、母性フェロモンを放出します。新生子はこのフェロモンに反応して直ちに母親のもとに集まってきます（**図17**）。

　母性フェロモンは、産後約14〜27日間に母親の盲腸で生成され、糞と一緒に排泄されることが確認されてい

図17　母子間のコミュニケーション
（左）：乳子がアイソレーションコーリングを発信して母親をよんでいる。（右）：子どもが母親から放出された母性フェロモンを頼って母親のもとへ帰る。

ます[21]。ちなみに、この期間の糞中には高いレベルのデオキシコール酸が含まれており、この物質が腸免疫賦活および脳神経の髄鞘化を促進する可能性が示唆されています[22, 23]。

ところで、フェロモンという言葉は日常生活でもよく使われていますが、誤った使い方をしているようです。フェロモンについては、ホルモン（hormone）と比較することで理解しやすいでしょう。

フェロモンは、ホルモンと同様に生体内で生成されますが、ホルモンが生体内で機能するのに対し、フェロモンは生体外に放出されて機能する化学物質です。この言葉は、ギリシャ語の「pherein」（運ぶ）と「hormon」（興奮させる）を組み合わせて、Butenandtらによって「pheromone」と命名されました。フェロモンは極めて低濃度で効果を発揮し、これはホルモンと共通の性質です。ネズミのフェロモンは、尿や糞、体表からの分泌物（汗や皮脂）、唾液、涙などに含まれていますが、これらのフェロモンはどこで受容されているのでしょうか？フェロモンは一種のニオイとして扱われていますが、ネズミ自身もそのニオイがどのようなものかを認識しているわけではないでしょう。

ニオイの感覚は嗅覚です。嗅覚系には、主嗅覚（嗅上皮 – 主嗅球）系と副嗅覚（鋤鼻器 – 副嗅球）系があり、

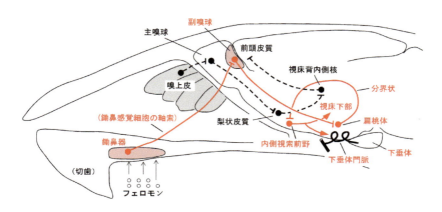

図18　フェロモン情報の神経回路（横須賀誠　原図）
フェロモンは鋤鼻器で受容され、その情報は副嗅覚系（実線）
神経経路を経て視床下部に至る。破線は主嗅覚系神経回路を示
す。

　これらは解剖学的に異なる神経経路を形成しています。
前者は「感じるニオイ」を嗅上皮で受け取り、大脳皮質
へ伝えます。後者は「動かすニオイ」を鋤鼻器で受容し、
視床下部に投射し、さらに辺縁系に影響を与えます。こ
の「動かすニオイ」がフェロモンです（**図18**）。
　ちなみに、マウスやヤギでは、子どもの特定のニオイ
シグナルが母親の育子行動を誘発することが明らかに
なっています[24]。さらに最近では、母ウサギの初乳や母
乳に含まれるフェロモンが、赤ちゃんウサギの吸乳行動
を強化し、これが母子間のコミュニケーションにおいて
重要な役割を果たしていることが注目されています[25]。

Episode 6

動揺に見る「母と子のにおいの絆」？

　朝日新聞（2022年1月1日）の、「母と子のにおいの絆」のなかで、

　「おかあさん」の誕生秘話が作者自身の言葉で紹介されていました。以下は、新聞紙面より転載したものです。

　作詞家の田中ナナさん（84）は、動揺「おかあさん」を生むきっかけになった50年前の出来事を、今もはっきりと覚えている。

　帰国したばかりの妹の式子さん（79）と、その娘ルビーさんが1年ぶりに再会する場に立ち会った。夫の仕事でフランスに渡った母。そして、伯母にあたる田中さんと、おばあちゃんのもとに残った娘。

　自宅の玄関で、久々の対面。なのに、母親の顔をすっ

かり忘れたルビーさんは、泣きながらおばあちゃんに抱きついた。耳元で、おばあちゃんは優しく語りかける。「ほら、ママよー。いいにおいがするでしょう」

　おそるおそる、式子さんに鼻を近づけるルビーさん。ほのかな甘いにおい。目を見開いた。「ママ！」笑顔で駆け寄り、飛びついた。

　「においが結ぶ親子の絆。そのすごさを、歌でつたえたかったんです」田中さんは創作の経緯を振り返る。

　55歳になったルビーさんもあの日を忘れない。「ママのにおいをかいだとたん、空港で母を見送った切ない場面がよみがえったんです。その場にあったジュークボックス・・・。ありありと頭に浮かんだ」歌には田中さん自身の母への思いを込められている。母が出かけて寂しいとき、着物を引っ張り出して、いつもにおいをかいだ幼い日。

　「子どもにとって、母親のにおいは心のふるさとなんでしょうね」

Episode 7

母と子の匂いコミュニケーション？

　日々の生活では、五感（視覚、聴覚、味覚、嗅覚、触覚）のなかでも特に嗅覚を使う場面はあまり多くありません。人間は他の動物に比べて「鼻が効かない」と考えている人も多いでしょう。しかし、*Episode 6* で見たように、母と子の間では特に嗅覚が重要な意味を持つようです。

　ヒトの母親の初乳や母乳のニオイが、新生児の顔を乳房に向ける効果、および新生児が母親の母乳と他の母親の母乳を区別できる効果が報告されています（Loos et al., 2019）。一方、子どもから母親へのニオイのシグナルについては、経産女性は新生児が身に

着けた産着のニオイを好意的に感じることが報告され
ており (Fleming et al., 1993)、そのニオイが脳内の
報酬系領域を活性化させるとの研究結果があります
(Marlier et al., 1998)。言い換えれば、赤ちゃんの
ニオイは母子間の絆形成に関連するポジティブなシグ
ナルとして、視覚と聴覚のシグナルと協力して機能し
ている可能性が考えられます。

母性行動の雌雄差

　親が子どもの世話をすることで、子どもの生存率は高
まります。しかし、親が子育てに時間とエネルギーを費
やすと、親自身の生存や次回の繁殖の機会が減少する可
能性があります。したがって、親による哺育は、この両
者のバランスの上に成り立っていると考えられます。哺
乳類では、雌が妊娠、出産、授乳を行うため、雌親によ
る子育てが必須であることは、前述の通りです。また、
胎盤を介した妊娠と乳腺からの分泌物による授乳という
子育て方法は、非常に効率的です。これらの繁殖生理的
機能は雌に備わっており、雄はこれを持たないため、雄
親が子育てを行うことはほとんどありません。

一方、雌には雌としての性的役割があり、雄には雄としての性的役割があります。この役割をジェンダー（gender）とよびます。

1 感受化テストの雌雄差

　前述のように、未経産雌ラットは他の母親が産んだ新生子を継続的に与えられることで、母性行動を示すようになります。この方法で未交配の雄ラットにも母性行動を誘発できるのでしょうか？　最終的には、一部の雄が雌と同様に母性行動を示すことが確認されています。しかし、雄ラットにおける母性行動の発現には、雌に比べて長い潜伏期間が必要であることが報告されています[26]。

2 巣作り行動の雌雄差

　著者は、図8に示す装置を用いて、未経産雌および未交配雄の成熟マウス（recipient）に生後1〜2日の新生子（donor）を与え、巣作り行動を観察しました。ただし、新生子には母乳が与えられないため衰弱の恐れがあり、1日ごとに新たな新生子と交換しました。その結果、未経産雌マウスでは、新生子を与えた期間（5〜8日）の巣材の重量が、新生子を与えなかった期間（1〜4日および9〜12日）に比べて約3倍に増加していました。一方、

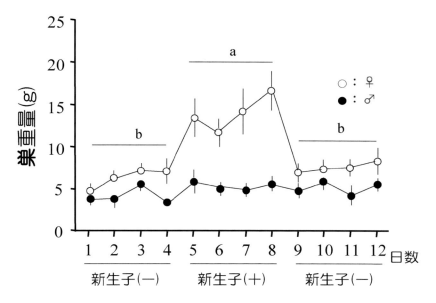

図19　新生子暴露による雌雄マウスの巣の重量の比較
Values are expressed as Mean ± SE　　a vs. b：p＜0.01

　未交配雄マウスでは、新生子を与えても巣材の量に変化
は見られませんでした（**図19**）。巣の形状に関しても、
雌（M型）の方が雄（P型）よりも、小鳥の巣のように立
体的な形をしていました[27]。また、リトリービングの観
察結果では、未経産雌マウスのすべてがリトリービング
を行い、すべての新生子をリトリービングするのに要し
た時間は10分以内でした。しかし、未交配雄マウスでは、
リトリービングが観察されたのはわずか15％の個体に
過ぎませんでした。

次に、雄マウスの精巣と雌マウスの卵巣をそれぞれ摘出し、雄のアンドロゲン（androgen）および雌のエストロゲンとプロゲステロンの分泌量を減少させた場合、雄マウスの巣材の重量は雌と同様に増加するのでしょうか？　また、雌マウスは雄のように巣材の量が減少するのでしょうか？　結果として、巣材の量および巣の形状に変化は見られませんでした。しかし、雌マウスの下垂体を摘出すると、新生子を与えても巣材の量は増えず、巣の形状も平面的なままでした。これらの結果から、未経産雌マウスの巣作り行動には下垂体ホルモンが関与していることが示唆されました[28]。

　では、なぜ感受化テストや巣作り行動において雌雄差が見られるのでしょうか？　母性行動における雌雄差は、未だ明確には解明されていません。そもそも、雌雄の性はどのように決定されるのでしょうか？　旧約聖書の創世記には、アダム（男）からエバ（女）が創造されたと記されていますが、雌と雄のどちらか一方の性が完成するには、性分化の過程を経ることが必要です。

性分化と母性行動

　性分化とは、性染色体に基づいて精巣や卵巣が発育し、雌雄それぞれに特有の内性器や外性器、そして脳が形成

される過程を指します。生物学的には雌が基本であり、ホルモンの作用によって雄へと変化します。

1 生殖器の性分化

　生殖器は、胎生期の特定の時点までは、雌雄ともに同じ構造を持っています。受精によって決定された性染色体がXY（雄）の場合、Y染色体上にある遺伝子である*sry*（sex-determining region Y）が活性化され、未分化生殖腺の髄質から精巣が形成されます。一方、性染色体がXX（雌）である場合、未分化生殖腺の髄質は委縮し、その皮質が卵巣に分化します。

　精巣がさらに分化すると、精巣内に精細管とライディヒ細胞（Leydig cell）が形成されます。胎子の精巣に存在するライディヒ細胞からはアンドロゲンが分泌され、このアンドロゲンがウォルフ管（Wolffian duct）の発達を促し、雄の副生殖器（精巣上体、輸精管、精嚢腺、前立腺など）の形成が進行します。さらに、精細管内のセルトリ細胞（Sertoli cell）からは抗ミューラー管ホルモン（anti-Müllerian hormone）が分泌され、このホルモンがミューラー管（Müllerian duct）に作用して、ミューラー管の退化と消失を引き起こします。

　一方、雌では卵巣からこれらのホルモンが分泌されないため、アンドロゲンが作用しないことでウォルフ管は

発達せず退化します。ミューラー管は抗ミューラー管ホルモンの影響を受けないため、そのまま発達し、雌の副生殖器（卵管、子宮、膣など）へと分化します。

2 脳の性分化

　母親の胎内で生殖器が性分化（雄型と雌型）されるのに続き、脳の性分化も胎生期または新生子期にアンドロゲンの作用（アンドロゲンシャワー）の有無によって、形態的および機能的に脳の雄型と雌型が形成されます。その結果、成熟期におけるゴナドトロピン（GTH、gonadotropin）の分泌パターンに違いが生じます。パルス状の黄体形成ホルモン（LH、luteinizing hormone）の分泌は雄と雌に共通するパターンですが、サージ状のLH分泌パターンは雌のみに見られ、これが雌の性周期（排卵周期）の存在につながります。このようなLH分泌パターンは、視床下部（hypothalamus）のGnRH（ゴナドトロピン放出ホルモン）ジェネレータという制御機構によってもたらされています。

　また、成熟期の脳内の神経核の大きさに関する研究報告があります。たとえば、ラットの内側視索前野（medial preoptic area）には、濃く染色されるやや大型の神経細胞群が存在します。この細胞群は雄の方が大きく、雌のものより約5倍の体積を示しています[29, 30]。この神経細

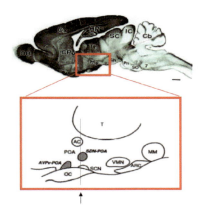
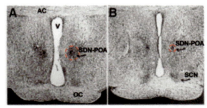

図20　ラットの視索前野の性的Ⅱ型核（SDN-POA）
雄の視索前野の性的Ⅱ型核（SDN-POA, A）は雌（B）より大きい。AC＝前交連；OC＝視交叉；SCN＝視交叉上核；V＝第3脳室。

胞群は内側視索前野の他の部分と区別され、性的二型核（sexual dimorphic nucleus of the preoptic area: SDN-POA）とよばれています（**図20**）。SDN-POAは、ラットだけでなく、シリアンハムスターやモルモットなどでも観察され、最近ではマウス[31]やヒト[32]の脳にも同様のニューロン群が存在することが確認されています。

　脳の性分化が起こる時期は、妊娠期間の長さに依存しています。これは、動物によって脳の発達の速度が異なることから、アンドロゲンによる誘導に反応できる臨界期が動物種によって異なるためです。たとえば、マウス

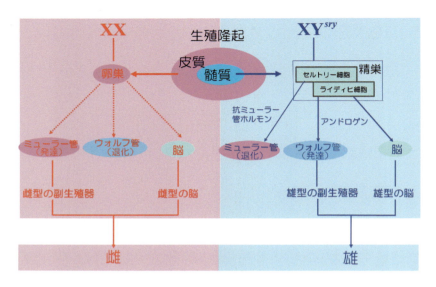

図21　生物学的要因による性分化

やラットでは、生まれたときにはまだ脳の性分化は進ん
でおらず、生後1週間以内に決定されると言われていま
す。

　以上、生物学的な性分化についての概略を**図21**に示
します。

3 脳の性転換（遺伝的には雌＜雄＞で雄型＜雌型＞の 脳）と母性行動

　私たちの研究室の大学院生であった森谷直樹は、雄
（XY）として生まれたマウスの精巣を生後1日で摘出し、

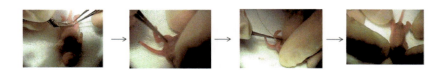

**図22　新生子雄の精巣摘出手術（上段）と新生子雌へのテスト
　　　 ステロンプロピオネート（TP）投与（下段）**

一方で雌（XX）として生まれたマウスにテストステロン
（testosterone）を皮下投与する実験を行いました
（**図22**）。その後、成熟したマウスの巣作り行動を観察
したところ、図19で示した結果とは異なり、巣作り行
動において雌雄逆転現象が確認されました（**図23**）。具
体的には、雄の新生子で精巣を摘出した個体および雌の
新生子でテストステロン処置を受けた個体は、成熟後、
母性行動において雄は雌化（XY、雌型脳）、雌は雄化
（XX、雄型脳）した行動を示しました[33]。このような逆
転現象は、リトリービング行動においても認められまし
た。

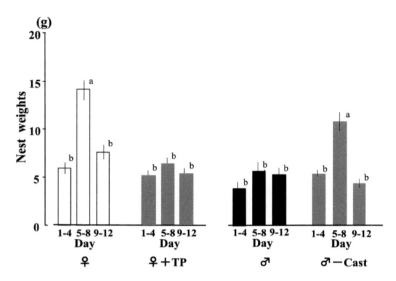

Values are expressed as Mean ± SE a vs. b：p < 0.01
Day 1-4・9-12: Non pup, Day 5-8: With a pup

図23　巣作り行動における脳の性分化

　ネズミの赤ちゃんの誕生から、生まれた子どもに対する母親の行動（巣作り、リトリービング、リッキング、クラウチング）、さらに超音波やフェロモンによる母子間の絆について考察してきました。

　さらに、未経産の雌マウスや未交配の雄マウス、ラットにも母性行動が観察されました。ただし、その行動には雌雄差があり、雄は雌ほど顕著な母性行動を示しませんでした。その原因として、周産期において、性ホルモンの一種であるアンドロゲンが脳に作用する影響が大き

いと考えられます。すなわち、雌型の脳は雄型の脳に比
べ、母性行動の誘発と維持に強く関与していると推察さ
れます。

　また、人間の脳にも、男性には雄型の脳が、女性には
雌型の脳が見られます。このような観点から、母性や父
性といった性的役割（ジェンダー）について考察するこ
とも重要です。

参考文献

1） Sapolsky RM: *Science*, 277: 1620-1621, 1997.

2） Teicher MH and Blass EM: *Science*, 193: 422-425, 1976.

3） Teicher MH and Blass EM: *Science*, 198: 635-636, 1977.

4） Friedman MI, Bruno JP and Alberts JR: *J. Comp. Psychol.*, 95: 26-35, 1981.

5） Saito TR: *Ann. Anim. Psychol.*, 36: 101-105, 1986.

6） Gandelman R, McDermott NJ, Kleinman M and DeJianne D: *J. Reprod. Fertil.*, 56: 697-699, 1979.

7） Moltz H and Robbins D: *J. Comp. Physiol. Psychol.*, 60: 417-421, 1965.

8） Rosenblatt JS: *Science*, 156: 1512-1514, 1967.

9） Slotnick BM, Carpenter ML and Fusco R: *Horm. Behav.*, 4: 53-59, 1973.

10） Noirot E: *Anim. Behav.*, 17: 547-550, 1969.

11） 斎藤徹、高橋和明『家畜繁殖誌』25: 73-78, 1979.

12） 斎藤徹、高橋和明『家畜繁殖誌』26: 43-45, 1980.

13） 勝山慎、山口孝雄、鈴木亘、斎藤徹『飼育と管理』2: 81-82, 1981.

14） Allin JT and Banks EM: *Devel. Physiol.*, 4: 149-156, 1971.

15） Sewell GD: *Nature*, 227: 410, 1970.

16） Hashimoto H, Moritani N, Aoki-Komori S, Tanaka M and Saito TR: *Exp. Anim.*, 53: 409-416, 2004.

17） Hashimoto H, Moritani N, Katou M, Nishiya T, Kromkhun P, Yokosuka M, Tanaka M and Saito TR: *Exp. Anim.*, 56: 315-318, 2007.

18） Kromkun P, Katou M, Hashimoto H, Terada M, Moon C and Saito TR: *Lab. Anim. Res.*, 29: 77-83, 2013.

19） Hashimoto H, Saito TR, Furudate S and Takahashi KW: *Exp. Anim.*, 50: 307-312, 2001.

20） Kromkhum P: *Unpublished Doctoral Dissertation*, Nippon Veterinary and Life Science University, 2012.

21） Moltz H and Leidahl LC: *Science*, 196: 81-83, 1977.

22）Moltz H and Lee TM: *Physiol. Behav.*, 26: 301-306, 1981.

23）Kilpatrick SJ and Moltz H: *Physiol. Behav.*, 30: 539-543, 1983.

24）Fleming AS, Corter C, Franks P, Surbey M, Schneider M and Steiner M: *Dev. Psychobiol.*, 26:115-132, 1993.

25）Schaal B, Coureaud G, Langlois D, Ginies C, Semon E and Perrier G: *Nature*, 424: 68-72, 2003.

26）Lubin M, Leon M, Moltz H and Numan M: *Horm. Behav.*, 3: 369-374, 1972.

27）斎藤徹、勝山慎、高橋和明『実験動物』31: 119-121, 1982.

28）斎藤徹、高橋和明、今道友則『動物学雑誌』92: 342-355, 1983.

29）Gorski RA et al.: *Brain Res.*, 148: 333-346, 1978.

30）Gorski RA et al.: *J. Comp. Neurol.*, 15: 529-539, 1980.

31）Orihara C and Sakuma Y: *J. Comp. Neurol.*, 518: 3618-3629, 2010.

32）Swaab DE: *Science*, 228: 1112-1115, 1985.

33）Moritani N: *Unpublished Doctoral Dissertation*, Nippon Veterinary and Life Science University, 2001.

参考図書

● Rosenblum LA and Moltz H eds.: *Symbiosis in Parent-Offspring Interactions*, Plenum Press, New York, 1983.

● 斎藤徹編著『母性をめぐる生物学』アドスリー、2012。

● 根ヶ山光一編著『母性と父性の人間科学』コロナ社、2001。

第2章　母と子の絆の形成要因

前章で述べたように、妊娠や出産に伴う内分泌の変化は母性行動の発現に重要な役割を担っています。すなわち、妊娠期のエストロゲンは子宮筋や子宮頸管を肥大させ、プロゲステロンは子宮筋の自発的収縮を抑制していますが、出産直前には子宮筋の収縮を抑えていたプロゲステロンが急激に低下し、分娩が誘発されます。プロラクチンの血中濃度も妊娠の経過に伴い上昇し、エストロゲンやプロゲステロンと協調して乳腺の発達を促します。さらに、分娩後はプロラクチンが乳汁生産を司り、オキシトシンが射乳を促しています。

　一方、未経産の雌や未交配の雄に、他の母親が産んだ子ども（里子）を与え続けると最初は忌避するものの、最終的には母性行動を示すようになります。

　このように、母性行動の発現には妊娠や分娩に伴う内分泌の変化だけでなく、子どもと触れ合うことによって、子どもからの信号（ニオイ、音声など）がいくつかの神経路を通って、脳の母性行動を調節する神経回路に投射され、その結果、母性行動が発現します。

母性行動のホルモン制御

　ホルモンは、生体内で生成されて生体内で機能する化学物質です。この言葉は、ギリシャ語の「興奮する」と

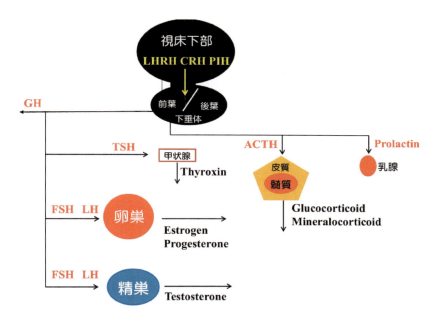

図 1　視床下部―下垂体前葉ホルモン―標的器官

いう意味からきていて、Starling が十二指腸から分泌さ
れるセクレチンという物質に対して使ったのが最初だと
言われています。ホルモンとは、神経路あるいは血液路
を介した特殊な刺激因子に反応して、内分泌腺から血液
中に直接放出される化学物質で、ホルモンが働くために
は、ホルモンを受け入れる標的細胞、いわゆる受容体と
結びつくことが必要です（**図1、2**）。

　母性行動の発現に関するホルモンについて紹介しま
す。

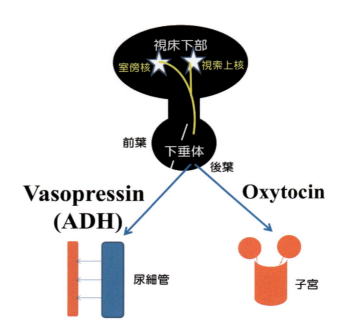

図2 視床下部—下垂体後葉ホルモン—標的器官

1 エストロゲン、プロゲステロン

　エストロゲンとプロゲステロンは、主に卵巣から分泌されるホルモンで卵巣ホルモンともよばれています。また、妊娠後期には胎盤からも多量に分泌されています。

（1）ラットの事例

　卵巣を摘出または下垂体摘出を行った処女雌ラットに対し、新生子（里子）を毎日与えたところ、母性行動が誘発されるまでの期間は平均6日であり、無処置の処女雌ラットにおける誘発期間と比較して、著しい差異が認

められませんでした。この結果から、母性行動の誘発は
ホルモン制御メカニズムとは独立して生じると考えられ
ました[1]。しかし、妊娠10～16日に雌ラットの子宮を
摘出すると、同時期の妊娠雌に比べて母性行動の開始が
早まることが観察されています[2]。さらに、子宮摘出と
同時に卵巣も摘出すると、母性行動の促進は見られなく
なりますが、卵巣摘出後にエストロゲンを投与すると、
母性行動の促進が回復します[3]。また、処女雌ラットの
卵巣を摘出後、エストロゲンを連続投与することで母性
行動を誘発することができます[4]。このエストロゲンに
よる母性行動発現までの潜伏期の短縮は、プロゲステロ
ンの大量投与によって抑制されます[5]。したがって、母
性行動の開始にはエストロゲンの上昇が重要であり、プ
ロゲステロンの減少がその効果を強めると考えられま
す。また、エストロゲンを処女雌ラットの内側視索前野
（後述）に移植すると、母性行動の誘発が早期化するこ
とから、処女雌ラットにおける母性行動の発現にもエス
トロゲンが促進的に関与していると考えられます[6,7]。
さらに、精巣を摘出した雄ラットに同様の処置を行うと、
母性行動の発現までの潜伏期間が短縮されることも確認
されています[8]。

(2) マウスの事例

　マウスにおける母性行動の1つである巣作り行動の発

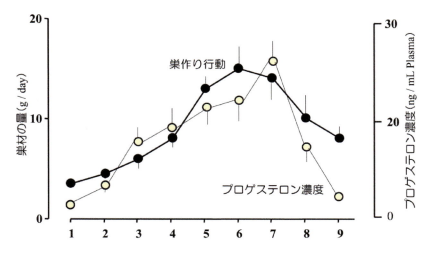

図3　マウスの偽妊娠期間における巣作り行動量と血中プロゲ
　　　ステロン濃度の推移

現には、卵巣ホルモンの関与が指摘されています。妊娠
および偽妊娠マウスが、処女マウスと比べて大きく堅固
な巣を作ることが、Gandelmanら[9]やSaito[10]によって
確認されています（**図3**）。さらに、処女マウスの皮下に
プロゲステロン充填チューブを挿入すると、2〜3日後
に巣作り行動の増加が起こり、このプロゲステロン処置
は卵巣摘出マウスでも有効であることが報告されていま
す[11]。これらの報告から、マウスの巣作り行動にはプロ
ゲステロンが関与していると考えられますが、大量のエ
ストロゲンを投与すると巣作り行動が抑制されるとも言
われています。

2 プロラクチン

　プロラクチンは下垂体前葉から分泌されますが、他の下垂体ホルモンとは異なり、その分泌調整は視床下部の分泌抑制因子（ドーパミン）による支配が主体となります。プロラクチンの生理作用には、乳腺の発達促進や乳汁分泌の刺激が含まれます。また、母性行動の発現にも重要な役割を果たしています。

(1) ラットの事例

　卵巣を摘出した処女雌ラットにエストロゲン、プロゲステロン、およびプロラクチンを投与すると、母性行動が誘発されるまでの期間が、卵巣摘出ラットの6〜7日から35〜40時間へと大幅に短縮することが認められています[12]。一方、下垂体を摘出した処女雌ラットにエストロゲンとプロゲステロンを連続投与しても、里子に対する母性行動の誘発は観察されませんが、外因性の羊プロラクチンの投与により誘発されることがあります[13]。また、エストロゲンとプロゲステロンの処置を受けた卵巣摘出処女雌ラットにプロラクチンのアンタゴニスト（拮抗薬）を投与すると、内因性プロラクチンの抑制により、里子への母性行動の誘発が遅延することがありますが、外因性の羊プロラクチンを側脳室や内側視索前野に投与することで、その遅延が阻止されることが報告されています[14, 15]。さらに、アンタゴニストを側脳室や内

側視索前野に投与することで、里子に対する母性行動の開始が遅延することが観察されています[16]。このように、プロラクチンはエストロゲンやプロゲステロンと協力しながら、母性行動の発現を調節していると考えられています。

　Kinsleyらは、離乳後わずか25日齢の幼若な雌雄ラットに里子を与えたところ、先に示したマウスと同様に母性行動を示す個体が現れたことを報告しました。特に、雄ラットの方が雌よりもこの行動が顕著であり、この幼若期の血中プロラクチン濃度も雄の方が高かったとされています。さらに、プロラクチンの分泌量を抑制するためにプロラクチンのアンタゴニストを投与したところ、母性行動の発現が抑制されることが確認されました[17]。これらの結果から、幼若ラットの里子に対する母性行動の発現にもプロラクチンが関与している可能性が示唆されます。

　すでに述べたように、母乳には豊富な栄養素や免疫グロブリンが含まれていますが、最近の研究によって、さまざまな酵素やホルモンも存在することが明らかになりました。特に、乳汁の生産において中心的な役割を果たすプロラクチンが、ラットや羊の乳汁に多く含まれていることが確認されています[18]。

　Meloら[19]は、乳汁中のプロラクチン量と母性行動の

発現に関する実験を行いました。乳子期に低プロラクチン母乳（プロラクチンのアンタゴニストを投与して、乳子が栄養障害を起こさない程度）で育てられたラットは、通常のプロラクチン母乳で育てられたラットに比べて、里子への母性行動の発現までの潜伏期間が延長されました。この結果から、母親由来の乳汁中のプロラクチンが、出生後早期における母性行動制御の基礎となる神経系の発達に関与していることが示されました。

(2) マウスの事例

　マウスの巣作り行動におけるプロゲステロンの関与は言及されていますが、プロラクチンとの関連性については明確に示されていません。

　そこで、私たちは前章で示した装置を用い、巣作り行動における巣材の量を指標とした以下の実験を行いました。なお、プロラクチンはラットやマウスにおいて黄体刺激ホルモンとしての役割を果たし、黄体からプロゲステロンの分泌を促進します。

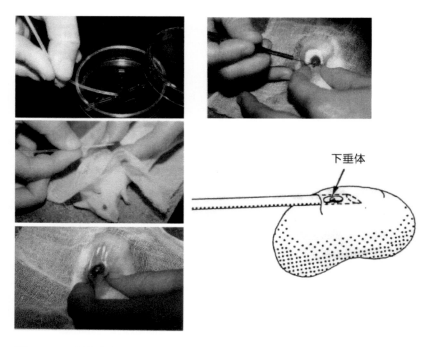

下垂体

図4　下垂体腎被膜下移植手術法

①マウス下垂体腎被膜下移植による偽妊娠誘発マウスの
　巣作り行動

　処女雌マウス（recipient）の腎被膜下に雄マウスの下
垂体（donor）を移植しました（**図4**）。その結果、発情
休止期に相当する偽妊娠が誘発され、巣材の量は**図5**に
示すように、交尾刺激による偽妊娠と同様の増加傾向が
観察されました。

　下垂体の異所移植により、マウスはプロラクチンを持

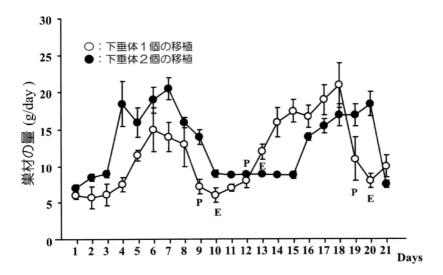

図5 下垂体移植処女雌マウスの巣作り行動
膣垢像に白血球の出現日を偽妊娠1日とした。P：発情前期、E：
発情期

続的に分泌し、移植後速やかに発情休止期が延長されま
す。この発情休止期間は8〜9日間続き、その後一度発
情を経て再び偽妊娠に移行する経過を繰り返しました。
この結果から、下垂体を腎被膜下に移植したマウスの血
中プロゲステロン濃度は、交尾刺激による偽妊娠マウス
と同様に、偽妊娠発現期間中は高いレベルを維持してい
ると推測されます。

　したがって、下垂体移植マウスで観察される巣作り行

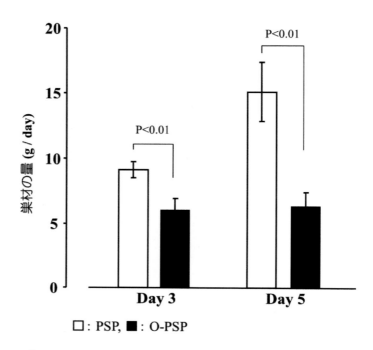

図6　偽妊娠3、5日の巣作り行動（平均値±標準誤差）

動の周期的な高まりは、血中プロゲステロン濃度の変動が影響を与えている可能性が示唆されます。

②偽妊娠マウスの巣作り行動と血中プロゲステロンおよびマウスプロラクチン濃度

　交尾刺激による偽妊娠（PSP）マウスと、羊プロラクチン投与によって誘発された偽妊娠（O-PSP）マウスの巣作り行動を図6に示し、両者の血中プロゲステロン濃

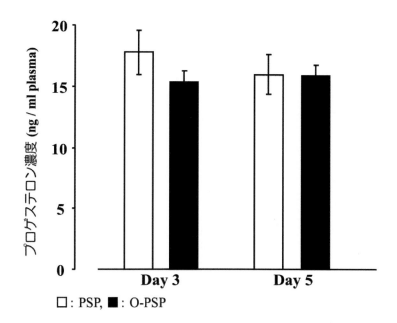

図7 偽妊娠3、5日の血漿プロゲステロン濃度（平均値±標準
誤差）

度およびマウスプロラクチン濃度をそれぞれ**図7**および
図8に示します。

　これらの結果から、巣作り行動が促進されなかった
O-PSPマウスでは、PSPマウスと比較して血中マウスプ
ロラクチン濃度が著しく低いことが明らかになりまし
た。一方で、両群間で血中プロゲステロン濃度には有意
な差が認められませんでした。

　以上の結果から、巣作り行動の促進は血中のマウスプ

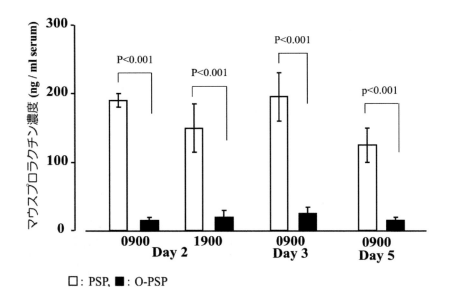

図8　偽妊娠マウス2、3、5日の血清マウスプロラクチン濃度
（平均値±標準誤差）

ロラクチン濃度が高い時期に起こることが示唆されま
す。

③ブロモクリプチン投与偽妊娠マウスの巣作り行動と血
　中プロゲステロンおよびマウスプロラクチン濃度
　プロラクチンの分泌を選択的に抑制するドーパミン作
動薬CB-154（ブロモクリプチン）を用いて、血中プロラ
クチン濃度の低下がマウスの巣作り行動に与える影響を

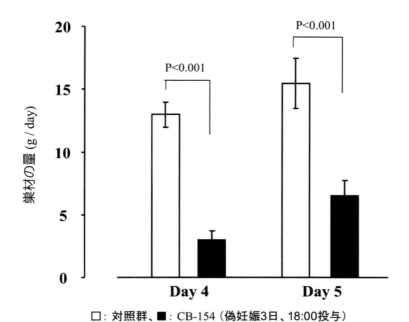

図9 偽妊娠マウス（交尾刺激）の巣作り行動に対するCB-154（1 mg/mouse, S.C.）の影響

検討しました。交尾刺激による偽妊娠マウスの巣作り行動が上昇し始める時期、すなわち偽妊娠3日目の18時にCB-154を投与したマウス（CB処置群）の巣作り行動（**図9**）、血中プロゲステロン濃度（**図10**）、および血中プロラクチン濃度（**図11**）を、無処置の偽妊娠マウス（PSP群）と比較しました。

　これらの結果から、CB-154投与により血中プロラク

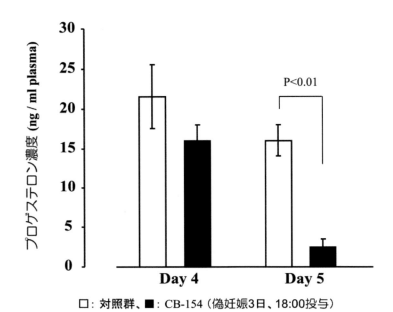

□：対照群、■：CB-154（偽妊娠3日、18:00投与）

図10　偽妊娠マウス（交尾刺激）の血漿プロゲステロン濃度に
**　　　　対するCB-154（1 mg/mouse, S.C.）の影響**

チン濃度が低下した偽妊娠マウスでは、巣作り行動が低
下することが明らかになりました。

　①〜③の実験において、羊プロラクチンを投与した
場合の偽妊娠マウスの結果は、牛プロラクチンを投与し
た場合と同様でした[20]。

　以上の実験結果から、マウスの巣作り行動にはプロゲ
ステロンよりもむしろマウスプロラクチンが強く関与し
ていることが示唆されます。

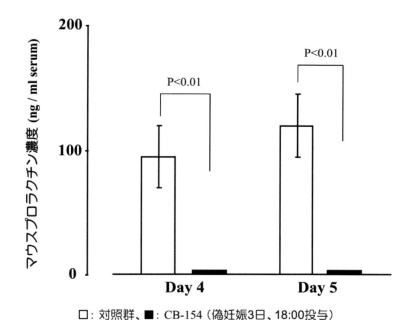

□: 対照群、■: CB-154（偽妊娠3日、18:00投与）

図11　偽妊娠マウス（交尾刺激）の血清マウスプロラクチン濃
度に対するCB-154（1 mg/mouse, S.C.）の影響

　最後に、本実験におけるマウス血中プロラクチン濃度
の測定に使用したradioimmunoassay法について考察し
ます。この測定法はSinhaら[21]によって詳細に検討され
ています。同氏の研究によると、マウスプロラクチンは
他の動物種（牛、羊、ラット）のプロラクチンや成長ホ
ルモン（マウス、ラット）とは交叉免疫性を持たないこ
とが示されています。私たちが用いたマウスプロラクチ
ンのradioimmunoassayでは、マウスプロラクチンと羊

および牛由来のプロラクチンとの間に交叉反応が全くないことを確認しており、これにより自己下垂体由来のプロラクチンのみを正確に測定できることを事前に検証しました。

Episode 8

プロラクチンはストレスに強い？

　経済的に豊かになり、科学技術も高度に発展した現代社会において、便利で快適な生活が実現していますが、その一方で多くの人々がストレスを抱え、身体や心の不調に悩んでいます。これは人間だけでなく、動物も同様にストレスを感じています。

　ラットでの実験によると、拘束、つまり行動の自由

を制限することで、拘束開始の5分後には血漿中のコルチコステロン、ノルアドレナリン、アドレナリン濃度が上昇し、その後も拘束中に高い値を維持しています。これらの変化は、ラットが拘束によるストレス反応を示していることを示唆しています。同時に、プロラクチンの上昇も観察されました（Bodnarら、2004）。

　さらに、ストレス性の胃潰瘍については、マウスやラットにおいても長時間のストレス負荷によって胃潰瘍が発生します。ところが、ストレスが負荷される前にプロラクチンを投与しておくと、胃潰瘍の程度が軽減されます（田中ら、2000）。

　このように、プロラクチンの分泌はストレスに応答して上昇し、脳に作用するとストレスに対して忍耐強くなります。

3 オキシトシン

　オキシトシンは、視床下部の室傍核や視索上核のニューロンから分泌され、末梢組織で機能するホルモンであり、中枢神経では神経伝達物質としての役割を果たしています。末梢では主に平滑筋に作用し、分娩時に子

宮を収縮させて娩出を促し、乳腺の筋線維を収縮させて乳汁の分泌を促進します。さらに、プロラクチンと同様に母性行動の発現にも関与しています。

エストロゲンで処置した卵巣摘出処女雌ラットの脳室内にオキシトシンを投与すると、用量に依存して持続的な母性行動が観察されます[22, 23]。一方、オキシトシンの抗血清を投与すると、母性行動の発現が遅延することが確認されています[24]。

Episode 9

オキシトシンの可能性？

オキシトシンには、さまざまな生理的な役割や心理的な影響が認められています。以下に、オキシトシンの主な役割について紹介します。

オキシトシンは、出産時において子宮を収縮させ、陣痛を促す作用があります。子育てにおいては、授乳時にオキシトシンの分泌が増加し、乳腺を刺激して母乳を出すように働きますが、信頼関係を深めるという精神面での重要な役割があることが分かってきました。オキシトシンが分泌されることで、母親は赤ちゃ

んを愛おしく感じ、母性愛が強まります。

　では、父親と赤ちゃんの関係はどうでしょうか？男性は妊娠、分娩、授乳を体験しませんが、赤ちゃんが生まれると父親のオキシトシンのレベルが多少上昇し、さらに赤ちゃんと一緒にいる時間が長かったり、抱っこしたり、ケアすることにより、母親のレベルには至りませんが、父親の脳にもオキシトシンが増加し、父性愛が生じると言われています。

　愛情が深まるだけでなく、恐怖心やストレスも軽減され、精神的に安定する効果をもたらすことも分かってきました。こうした作用から、オキシトシンは「愛情ホルモン」「幸せホルモン」「信頼ホルモン」「絆ホルモン」「癒しホルモン」とよばれることもあります。

　また、オキシトシンは出産や子育てだけでなく、男女の愛情にも関与しており、スキンシップをすることでも分泌量が増えます。男女の性行為の際には、子宮頸部を刺激することでオキシトシンの分泌が促進されます。それにより、親密感が高まると言われています。

　近年、自閉症スペクトラムの治療においてオキシトシンが有効ではないかと注目されています。対人交流や親密感の形成が難しい自閉症スペクトラム障害のある人に対してオキシトシンを投与することで、他人の

感情を読み取る能力、目を見る、顔を認識するといった対人関係改善のきっかけとなる効果があると考えられています（東田ら、2010）。

母性行動の神経制御

感覚神経回路と運動神経回路は、行動の発現において重要な役割を担っています。これらの神経回路は、外部からの刺激を受け取り、それに対する反応を生み出すプロセスにおいて、脳や脊髄と密接に連携しています（図12）。

母性行動の発現には、子どもからの知覚的刺激が必要です。子どもから発せられるニオイや音声（超音波）などの信号は、嗅覚系や聴覚系を介して、母親の脳にある母性行動の制御中枢に働きかけ、リトリービング、リッキング、クラウチングなどの行動を引き起こします。この総合的な指令を送る制御部位として、古くから注目されているのが内側視索前野です。

1 内側視索前野（medial preoptic area, MPOA）

内側視索前野は視床下部の吻側（口側）に位置し、生

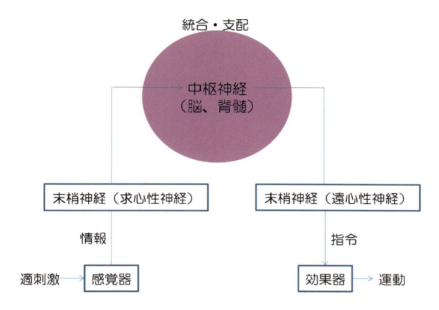

図12 中枢神経系と末梢神経系のしくみ
適刺激とは、視覚器では光、聴覚器では音波、味覚・嗅覚器で
は化学成分を指す。

殖機能において決定的な役割を果たしています
（**図13**）。また、母性行動の発現にも重要な役割を担っ
ています。内側視索前野を実験的に破壊すると、リトリー
ビング、リッキング、クラウチングなどのすべての母性
行動が消失することが確認されています[25]。さらに、処
女雌ラットの内側視索前野を電気刺激することで母性行
動が誘発されることも報告されています[26]。

　繰り返しになりますが、処女雌ラットの内側視索前野

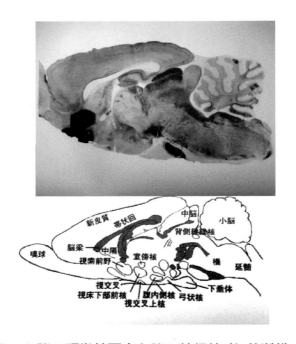

図13 ラット脳の顕微鏡写真と脳の神経核（矢状断模式図）
脳には神経細胞の集団である神経核が多く存在し、神経線維で
連絡し合って機能を制御している。

にエストロゲンを移植すると母性行動の誘発が早期化さ
れます。また、エストロゲンとプロゲステロンで処置さ
れた卵巣摘出処女雌ラットにおいて、内側視索前野へプ
ロラクチンを投与することで母性行動が促進され、プロ
ラクチンのアンタゴニストを投与することで抑制される
ことが観察されています。このことから、内側視索前野
の神経細胞が母性行動の発現調節において中心的な役割

を果たしていることが示唆されます。

　さらに、内側視索前野にはオキシトシンの受容体が多く発現しており、その発現は分娩前にエストロゲンの上昇に伴って増加します。視床下部の室傍核で産生されたオキシトシンは内側視索前野に輸送され、母性行動の誘起に関与すると考えられています[27]。

　内側視索前野から外側部に伸びる神経線維もまた重要であり、これらの線維が切断されると、内側視索前野の損傷と同様に母性行動が抑制されることが知られています[28]。さらに、内側視索前野からの指令は神経線維束を介して運動に関与する脳幹（中脳、橋、延髄）に伝達され、これによって母性行動が発現すると考えられています。

2 嗅球神経路

　嗅覚は、哺乳類において生理機能の調節に関与する感覚の1つとされており、母性行動の発現にも重要な役割を果たしています。ニオイの情報は嗅球で一時的に処理されます。特に、マウスやラットなどの齧歯類では、嗅球が脳の中で大きな割合を占め、終脳吻側に突き出た構造をしています。

　嗅球は、嗅上皮からの入力を受ける主嗅球と、鋤鼻器からの入力を受ける副嗅球から構成されています。嗅球の大部分を主嗅球が占めており、副嗅球は嗅球の尾背側

図14　鋤鼻器摘出手術

a：鋤骨の露出がみられる。b：抽出された鋤骨下両側に鋤鼻器（矢印）を含む

に位置しています（第1章参照）。

　嗅球の破壊や電気刺激を行う際には、いくつかの重要な点を考慮する必要があります。嗅球は嗅覚神経系の第1次中枢であり、嗅球の摘出は主嗅覚系と副嗅覚系の両方の神経経路を遮断することを意味します。例えば、鋤鼻器の摘出（**図14**）では、副嗅覚系の機能が遮断されま

ミルクバンド

図15　新生子のミルクバンド
新生子では胃腺よりミルクを凝固させる酵素レンニンが分泌される。皮膚を通して白いバンドのように、これをミルクバンドとよぶ。

すが、主嗅覚系は通常通り機能します[29]。Alberts & Galefは、鼻腔内に硫酸亜鉛溶液を注入することで嗅上皮の壊死を引き起こし、主嗅覚系の一時的な遮断を報告しています[30]。この場合でも、副嗅覚系の機能は正常に保たれています。

　鋤鼻器摘出を受けた雌ラットは、哺乳期間を通じてリトリービング行動を示さず[31]、さらに授乳行動においても、新生子のミルクバンド（**図15**）の太さが抑制され、

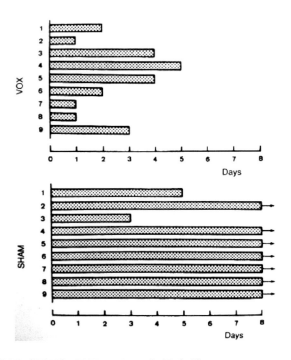

図16　乳子（里子）暴露による未経産雌ラットのリトリービング発現潜時

VOX：鋤鼻器摘出群、SHAM：偽手術群、→：8日の時点でリトリービングは見られず。

最終的には新生子が死亡することが確認されています[32]。一方、鋤鼻器を摘出された未経産の雌ラットでは、里子を与えると、無処置の雌ラットに比べて早期にリトリービング行動を示すことが観察されています（**図16**）[33]。このような母性行動の早期発現は、未交配

の雄ラットにおいても鋤鼻器摘出によって観察されています[34]。

　さらに、Flemingらは未経産の雌ラットに対して、主嗅覚系（嗅神経）や鋤鼻神経の切断、あるいはその両方の切断を行い、里子に対する母性行動の発現までの潜伏期間を観察しました。その結果、無処置の雌ラットでは母性行動の発現までに6日かかるのに対し、両方の神経を切断した場合にはわずか2日で母性行動が発現することが確認されました[35]。

　このように、リトリービング行動を含む母性行動の発現において、嗅覚情報に対する反応が、経産ラットと未経産ラットで相反する現象として観察されます。なぜこのような違いが生じるのでしょうか？　未経産ラットでは、母性行動を抑制する神経回路が存在しており、母性行動の発現は妊娠ホルモンによってこの回路が抑制されることで調整されていると考えられます。最近の研究では、Sheehanら[36]が、乳子からの嗅覚刺激が防衛反応、つまり乳子のニオイに対する忌避反応を引き起こし、これが母性行動の抑制につながることを報告しています。また、エストロゲンがこの神経回路を抑制して母性行動を促進することも明らかにされています。さらに、この忌避反応はオキシトシンを嗅球内に投与することで軽減され、里子に対する母性行動が誘発されることが示され

ています[37]。Koranyi ら[38, 39]は、未経産ラットが乳子（里子）に対して忌避行動を示す際に、未経産ラットの内分泌系に変化が生じ、特にストレスホルモンであるコルチコステロンの血中濃度が増加することを報告しています。

　一方、マウスにおいては、経産雌の嗅球を摘出すると、哺乳期の巣作り行動を含む母性行動が阻害されることが報告されています[40]。また、未経産マウスの妊娠後期に硫酸亜鉛を用いて嗅上皮を障害すると、子殺し行動が増加することが知られており、ラットとマウスでは嗅覚情報が持つ役割に違いがあることが示唆されています[41]。

　嗅覚経路の一部とされる扁桃体には、母性行動を制御する役割があることが示されています[42]。さらに、扁桃体から中隔や分界条床核に向けて神経線維が送られており、これらも母性行動の発現に関与していると考えられています。

Episode 10

子殺し (Infanticide)？

　子殺しとは、動物が同種の未成熟な個体を殺すことを意味します。ヒトの場合、親が自分の子（実子もしくは養子）を殺すことに限定して子殺しとよびます。ヒト以外の動物では、親以外の個体が同種の未成熟個体を殺すことも含めることが一般的です。

　マウスやラットに見られる共食い (cannibalism) も子殺しの一形態です。哺育行動を示さず新生子を食殺してしまう現象が見られます。このような行動は、妊娠や授乳中の母親が過度のストレスを受けたときに多く見られます。しかし、それとは異なり、野生動物において、子殺しが最初に発見されたのは下等なサル、ハヌマンラングールの群れにおいて見出されました（杉山、1980）。このサルは、成獣の雄が多数の雌の群れをハーレムとして構成し、雌たちの間で子どもを儲けます。雌は群れに残りますが、雄は群れから出て若い雄の群れを作ります。成長した雄はやがてハーレムの雄に攻撃を仕掛け、勝てばハーレムを乗っ取り、この時、雄はその群れの雌が抱えている乳子をすべて殺してしまいます。子育て期間中の雌は、発情しませ

ん。そこで、雄は自身の遺伝子を残すために、前の雄の子どもを殺して雌の発情を喚起して性交するのです。ハヌマンラングールの子殺し行動は「利己的な遺伝子」(ドーキンス、1991) の存続の確率を高める繁殖戦略の一種として理解することができます。実際、ハヌマンラングールの雄は、自分の子どもを殺すことはありません。杉山の発見後、チンパンジー、マウンテンゴリラ、ライオンなどでは、群れのα(第1位) 雄が交代した時に、積極な子殺しが見られています。

　脳における母性行動の制御に関与する神経伝達物質について、神経薬理学的な研究が進められています。古典的な神経伝達物質であるセロトニン、特に正中縫線核に由来するセロトニン神経は、母性行動の発現に不可欠であるとされています[43]。また、ドーパミンもセロトニンと同様に重要であり、その受容体の拮抗薬であるハロペリドールを投与することで、リトリービング、リッキング、およびクラウチングといった母性行動が減少することが確認されています[44]。ペプチド性神経伝達物質に関しては、オキシトシンの拮抗薬を脳室内に投与すると、未経産ラットでは母性行動の発現に影響を与える一方

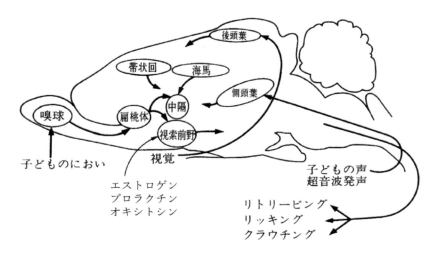

図17　母性行動の神経回路（山内兄人　原図）
新生子からの情報が脳に入力される神経回路と脳からの指令
（母性行動）が筋肉に出力される神経回路がある。

で、授乳中のラットには影響がないことから、オキシト
シンが母性行動の開始に関与していると考えられていま
す。さらに、オピエートも母性行動に影響を与える可能
性が示唆されています[45]。加えて、消化管ホルモンであ
るCCK-8が母性行動を促進する神経伝達物質として作
用することも知られています。

　図17に、母性行動に関与する神経回路の模式図を示
します。

母性行動の遺伝子制御

　1990年代後半より、いくつかの遺伝子ノックアウトマウスの表現型として母性行動の異常が認められています。ノックアウトマウスとは、特定の遺伝子が欠損しているマウスのことを指します。ノックアウトマウスの作製には、対象となる遺伝子を特定し、その遺伝子を欠損させるための技術を用いて遺伝子を変異させます。

　プロラクチンのノックアウトマウスにおいて、雌は不妊であるため、自身の子どもに対する母性行動は観察できませんが、他の母親の新生子（里子）に対する観察では母性行動の発現が見られています[46]。一方、プロラクチン受容体のノックアウトマウスも雌が不妊であるため、里子に対する観察では母性行動の発現が見られないことが明らかにされています[47]。なぜ、母性行動の発現において、両者のノックアウトマウスで、このような異なった現象が現れるのでしょうか？　田中ら[48]は、次のように説明しています。プロラクチンは妊娠後期の母親の血中に分泌されると同時に母乳中にも多量に分泌され、その一部は乳子の腸から吸収され血中に移行します。また、胎子期には胎盤でプロラクチンと同様の作用を有する胎盤性ラクトゲン（lactogen）も生産されています。プロラクチンのノックアウトマウスは自身でプロラクチ

ンを生産することはできませんが、胎子期あるいは乳子期には母親由来のプロラクチンおよび胎盤性ラクトゲンの作用を受けることができます。一方、プロラクチン受容体のノックアウトマウスは受容体がないので、胎子期あるいは乳子期にはそれらホルモンの作用を受けることができず、そのために母性行動の欠如が見られます。すなわち、胎子期あるいは乳子期にプロラクチンが脳に作用することが、母性行動の発現を保証するように働いていると考えています。

　*fos*ファミリー遺伝子は環境からの刺激を受けた時に、その刺激に関係のある脳領域で最も早く発現する遺伝子群であり、これらの*fos*ファミリー遺伝子の産物は転写遺伝子として働き、細胞内で次の反応に必要な遺伝子群を活性化することが知られています。*fos*ファミリーに属する*fosB*遺伝子ノックアウトマウスは、野生型より低体重ですが、組織学的な臓器の異常は観察されていません。しかし、*fosB*遺伝子ノックアウトマウスの母親には、リトリービングやクラウチングの行動は認められていません[49]。正常なマウスに新生子を暴露させると、内側視索前野領域に*fosB*遺伝子の発現が誘導されることから、転写遺伝子であるfosBタンパク質が母性行動の神経回路に重要な働きを果たしていると考えられます。

ここでは代表的な母性行動の制御遺伝子について列挙しましたが、現在では数多くの制御遺伝子が見つかっています。

参考文献

1）Rosenblatt JS: *Science*, 156: 1512-1514, 1967.

2）Rosenblatt JS and Siegel HI: *J. Comp. Physiol. Psychol.*, 89: 685-700, 1975.

3）Rosenblatt JS and Siegel HI: *Horm. Behav.*, 6: 223-230, 1975.

4）Siegel HI and Rosenblatt JS: *Physiol. Behav.*, 14: 465-471, 1975.

5）Numan M: *Horm. Behav.*, 11: 209-231, 1978.

6）Numan M, Rosenblatt JS and Komisaruk BR: *J. Comp. Physiol. Psychol.*, 91: 146-164, 1977.

7）Fahrbach SE and Pfaff DW: *Horm. Behav.*, 20: 354-363, 1986.

8）Rosenblatt JS and Ceus K: *Horm. Behav.*, 33: 23-30, 1998.

9）Gandelman JS, McDermott NJ, Kleinman M and DeJianne D: *J. Reprod. Fertil.*, 56: 697-699, 1979.

10）Saito TR: *Ann. Anim. Psychol.*, 36: 101-105, 1986.

11）Lisk RD: *Anim. Behav.*, 19: 606-610, 1971.

12）Moltz H, Lubin M, Leon M and Numan M: *Physiol. Behav.*, 5: 1373-1377, 1970.

13）Bridges RS, DiBiase R, Loundes DD and Doherty PC: *Science*, 227: 782-784, 1985.

14）Bridges RS and Ronsheim PM: *Endocrinology*, 126: 837-848, 1990.

15）Bridges RS, Numan M, Ronsheim PM, Mann PE and Lupini CE: *Proc. Natl. Acad. Sci. USA*, 87: 8003-8007, 1990.

16）Bridges R, Rigero B, Byrnes E, Yang L and Walker A: *Endocrinology*, 142: 730-739, 2001.

17）Kinsley CH and Bridges RS: *Horm. Behav.*, 22: 49-65, 1988.

18）Lkhider M, Delpal S and Bousquet MO: *Endocrinology*, 137: 4969-4979, 1996.

19）Melo AI, Perez-Ledezma M, Clapp C, Arnold E, Rivera JC and Fleming AS: *Horm. Behav.*, 56: 281-291, 2009.

20）斎藤徹、高橋和明、今道友則『動物学雑誌』92: 342-355, 1983.

21）Sinha YN, Selby FW, Lewis UJ and VanderLaan WP: Endocrinology, 91: 1045-1053, 1972.

22) Pedersen CA and Prange Jr AJ: *Proc. Natl. Acad. Sci. USA*, 76: 6661-6665, 1979.

23) Pedersen CA, Ascher JA, Monroe YL and Prange Jr AJ: *Science*, 216: 648-650, 1982.

24) Pedersen CA, Caldwell JD, Johnson MF, Fort SA and Prange Jr AJ: *Neuropeptides*, 6: 175-182, 1985.

25) Numan M: *J. Comp. Physiol. Psychol.*, 87: 746759, 1974.

26) Morgan HD, Watchus JA and Fleming AS: *Ann. N Y Acad. Sci.*, 807: 602-605, 1997.

27) Okabe S, Tsuneoka Y, Takahashi A, et al.: *Psychoneuroendocrinology*, 79: 20-30, 2017.

28) Numan M, Corodiman KP, Numan MJ, et al.: *Behav. Neurosci.*, 102: 381-396, 1988.

29) Saito TR and Mennella JA: *Exp. Anim.*, 35: 527-529, 1986.

30) Alberts JR and Galef BG Jr: *Physiol. Behav.*, 6: 619-621, 1971.

31) Saito TR: *Zool. Sci.*, 3: 919-920, 1986.

32) Saito TR, Igarashi N, Hokao R, et al.: *Exp. Anim.*, 39: 109 -111, 1990.

33) Saito TR, Kamata K, Nakamura M, et al.: *Zool. Sci.*, 4: 1141-1143, 1988.

34) Saito TR: *Jpn. J. Vet. Sci.*, 48: 1029-1030, 1986.

35) Fleming A, Vaccarino F, Tambosso L and Chee P: *Science*, 203: 372-374, 1979.

36) Sheehan TP, Cirrito J, Numan MJ and Numan M: *Behav. Neurosci.*, 114: 337-352, 2004.

37) Yu GZ, Kaba H, Okutani F et al., *Neuroscience*, 72: 1083-1088, 1996.

38) Koranyi L, Phelps CP and Sawyer CH: *Physiol. Behav.*, 18: 287-292, 1977.

39) Koranyi Land Endroczi E: *Neuroendocrinol. Lett.*, 4: 167, 1982.

40) Gandelman R, Zarrow MX, Denenberg VH and Myers M: *Science*, 171: 210-211, 1971.

41) Seegal RF and Denenberg VH: *Physiol. Behav.*, 13: 339-341, 1974.

42) Fleming AS, Vaccarino F and Luebke C: *Physiol. Behav.*, 25: 731-743, 1980.

43) Barfsky AL et al.: *Endocrinology*, 113: 1884-1893, 1983.

44) Stern JM and Taylor LA: *J. Neuroendocrinol.*, 3: 591-596, 1991.

45) Mann PE, Kinsley CH and Bridges RS: *Neuroendocrinol.*, 53: 487-492, 1992.

46) Horseman ND et al.: *EMBO J.*, 16: 6926-6935, 1997.

47) Lucas BK et al.: *Endocrinology*, 139: 4102-4107, 1998.

48) 田中実、藤川隆彦、中島邦夫『蛋白質 核酸 酵素』45: 346-354, 2000.

49) Brown JR et al.: *Cell*, 86: 297-309, 1996.

参考図書

● Balthazart J, Prove E and Gilles R: *Hormones and Behaviour in Higher Vertebrates*, Springer-Verlag, Berlin, Heidelberg, 1983

● 山内兄人・新井康允編著：『脳の性分化』裳華房、2005。

おわりに

　「母と子の絆」は、生殖行動に関する研究の一環であり、その研究の基盤となったのは、学生時代に家畜生理学教室で学んだことです。今道友則主任教授の言葉から「腕」を重要視し、知識や考えだけでなく身体を使って研究することの重要性を学びました。海外留学先でもこの考え方が役立ち、帰国後は高橋和明教授の指導方針に従い、骨の折れる仕事を率先して行うことをモットーに研究を続けてきました。

　本書は、約半世紀前から国内外で大学院生や留学生と共に行ってきた動物実験データを基に記述しました。本研究のご指導と動物実験に携わっていただいた関係者に感謝申し上げます。

　最後に、太古の時代から現代まで、「母と子の絆」は母子間のコミュニケーションを基盤として成り立っていると言っても過言ではありません。動物の赤ちゃん、特に表情豊かなヒトの赤ちゃんの顔の信号（親を惹きつける信号）は、大人に赤ちゃんを保護したいという感情を

引き起こす強力な刺激であると言われています。赤ちゃんは平たい顔、大きな目、丸く突き出た額、小さな鼻、丸みを帯びた頬、引っ込んだ顎を持っています。

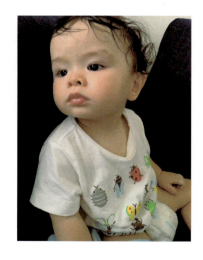

著者紹介

斎藤　徹 ······························　　　　　　日本獣医生命科学大学名誉教授
1948 年三重県生まれ。日本獣医畜産大学獣医学科卒業、同大学院獣医学
研究科修士課程修了。獣医師。獣医学博士。（財）残留農薬研究所毒性部
室長、杏林大学医学部講師、日本獣医畜産大学大学院獣医学研究科教授
を経て、2014 年 4 月より現職。日本アンドロロジー学会名誉会員、日本
実験動物医学会実験動物医学専門医、早稲田大学動物実験審査委員会専
門委員。1983 ～ 1986 年、アメリカ国立衛生研究所（NIH）、シカゴ大学、
1997 ～ 1998 年、カロリンスカ研究所に留学。専門は、行動神経内分泌学。
日本学術振興会特別研究員等審査会専門委員、日本アンドロロジー学会
理事、日本実験動物学会常務理事、NPO 法人生命科学教育奨励協会理事、
NPO 法人小笠原在来生物保護協会副理事長、東京理科大学生命科学研究
所顧問、早稲田大学人間科学学術院招聘講師、群馬大学医学部非常勤講
師などを歴任。現在、瀋陽薬科大学客員教授、内蒙古農業大学特聘教授、
学校法人湘央学園非常勤講師などを兼務。著書に、「母性と父性の人間科
学」（共著、コロナ社）、「脳の性分化」（共著、裳華房）、「脳とホルモン
の行動学」（共著、西村書店）、「実験動物学」（共著、朝倉書店）、「猫の
行動学」（監訳、インターズー）、「ネズミをめぐるアンドロロジー」（東
京図書出版）、「性をめぐる生物学」「母性をめぐる生物学」「ストレスを
めぐる生物学」「ダイエットをめぐる生物学」「コミュニケーションをめ
ぐる生物学」「体内リズムをめぐる生物学」「神経をめぐる生物学」（編著、
アドスリー）、「Prolactin」（共著、InTech）など。

斎藤雄弥 ·················　　　　　　東京都立多摩北部医療センター小児科医長
1980 年神奈川県生まれ。和歌山県立医科大学医学部卒業、東京慈恵会医
科大学大学院医学研究科修了。医師。博士（医学）。東京都立小児総合医
療センター血液腫瘍科医員を経て、2020 年 6 月より現職。日本小児科学
会専門医・指導医、日本小児血液・がん学会専門医、日本血液学会専門医、
日本がん治療認定医機構認定医。専門分野は小児科一般、血液疾患、小
児がん。現在、都立小児総合医療センター非常勤医員を兼務。著書に『小
児がんガイドブック』（共著、永井書店）。

ネズミから学ぶ
「母と子の絆」メカニズム

発行日	2025 年 4 月 30 日
著　者	斎藤　徹，斎藤雄弥
発行者	吉田　隆
発行所	株式会社 エヌ・ティー・エス 東京都千代田区北の丸公園 2-1 科学技術館 2 階　〒 102-0091 ＴＥＬ 03（5224）5430 http://www.nts-book.co.jp/
制　作	株式会社 双文社印刷
印　刷	株式会社 ウイル・コーポレーション